数学时空大冒险

遗失的国度

梁平 智慧鸟 著

吉林出版集团股份有限公司 | 全国百佳图书出版单位

图书在版编目（CIP）数据

遗失的国度 / 梁平，智慧鸟著 . -- 长春 : 吉林出版集团股份有限公司, 2024.2
（数学时空大冒险）
ISBN 978-7-5731-4541-3

Ⅰ.①遗… Ⅱ.①梁… ②智… Ⅲ.①数学 – 儿童读物 Ⅳ.① O1-49

中国国家版本馆CIP数据核字(2024) 第016537号

数学时空大冒险
YISHI DE GUODU

遗失的国度

著　　者：梁 平　智慧鸟
出版策划：崔文辉
项目统筹：郝秋月
责任编辑：王　妍
出　　版：吉林出版集团股份有限公司（www.jlpg.cn）
　　　　　（长春市福祉大路5788号，邮政编码：130118）
发　　行：吉林出版集团译文图书经营有限公司
　　　　　（http://shop34896900.taobao.com）
电　　话：总编办 0431-81629909　　营销部 0431-81629880 / 81629900
印　　刷：三河兴达印务有限公司
开　　本：720mm×1000mm　1/16
印　　张：7.5
字　　数：100千字
版　　次：2024年2月第1版
印　　次：2024年2月第1次印刷
书　　号：ISBN 978-7-5731-4541-3
定　　价：28.00元
印装错误请与承印厂联系　　电话：15931648885

前言

故事与数学紧密结合，趣味十足

在精彩奇幻的故事里融入数学知识
在潜移默化中激发孩子的科学兴趣

全方位系统训练，打下坚实基础

从易到难循序渐进的学习方式
让孩子轻松走进数学世界

数学理论趣解，培养科学的思维方式

简单易懂的数学解析
让孩子更容易用逻辑思维去理解数学本质

数学，在人类的历史发展中起到非常重要的作用。在我们的日常生活中，每时每刻都会用到数学。而要探索浩渺宇宙的无穷奥秘，揭示基本粒子的运行规律，就更离不开数学了。你有没有想过，万一有一天外星人来袭，数学是不是也可以帮我们的忙呢？

没错，数学就是这么神奇。在这套书里，你可以跟随小主人公，利用各种数学知识来抵抗外星人。这可不完全是异想天开，其实数学的用处比课本上讲的要多得多，也神奇得多。不信？那就翻开书看看吧。

人物介绍

米果

一个普通的小学生，对什么都好奇，尤其喜欢钻研科学知识。他心地善良，虽然有时有一点儿"马大哈"，但如果认准一件事，一定会用尽全力去完成。他无意中被卷入星际战争，成为一名勇敢的少年宇宙战士。

米果机甲

宇宙博士

抵御外星人进攻的科学家，一位严肃而充满爱心的睿智老人。

专为米果设计的智能战斗机甲，可以在战斗中保护米果的安全。后经过守护神龙的升级，这套机甲成了具有独立思想的智能机甲，也帮助米果成为一位真正的少年宇宙战士。

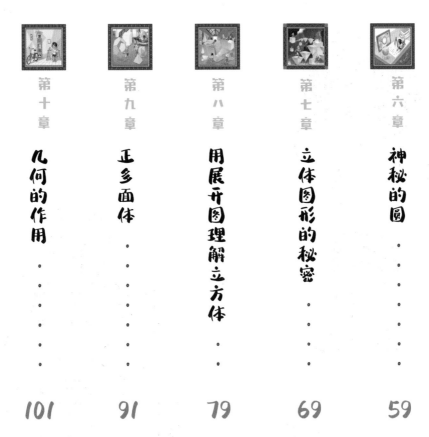

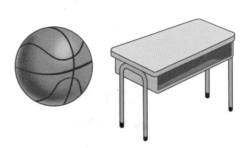

目录

第一章
平面图形和立体图形

"米果，你成功地通过了考验！"守护神龙发出雷鸣般的声响，"从这一刻开始，你就正式成为时空数学管理局的一员了！"

伴随守护神龙的声音，时空数学管理局的大殿一阵颤动，一道道光束从一座座纪念碑中射了出来，汇聚成一小股闪亮的旋风旋转着，把米果的身体慢慢包裹了起来。

机甲没有听到米果的召唤就自行出现在了光束之中，光束瞬间化为一行行代码和机甲结合在了一起。

一旁的宇宙博士大吃一惊："守护神龙先生，你这是在给米果的机甲升级啊！"

守护神龙的声音又在大殿中响起。

"没错！这是英灵殿中所有的勇士在欢迎我们的新战士米果，他们用自己所学的数学知识编写出了宇宙中最强大的能量代码，传输给了米果的机甲。"

宇宙博士立刻启动自己的遥控装置，想探测一下机甲升级后增加了哪些技能，可没想到，他发出的数据才刚刚连接到机甲的操控内核，机甲立刻启动自我保护的程序，将宇宙博士的数据反击了回去，差一点儿就击溃了宇宙博士的装置的中央处理器。

幸亏这个操控内核十分智能，及时分辨出宇宙博士是米果的朋友，这才停止了攻击，可还是把宇宙博士吓了一大跳："吓死我了，我的数据差一点儿就被格式化了。"

　　守护神龙眨了眨眼睛："机甲只会听从米果的指令，一切外来的数据都会被它当成敌人。升级后的机甲的能力非常强大，并随着米果的成长会逐渐地被发掘和使用。不过，如果机甲在米果还没有相应的心理承受力之前，就释放过大的能量，米果或许难以掌控它。"

　　守护神龙的这些话既是说给宇宙博士听的，也是说给被光束围绕着的米果听的。

　　机甲被闪亮的光束包围着，咔嚓咔嚓不停地变换着形状。此时，米果与机甲相互感应着，他能清晰地感觉到机甲正在从一副冰冷的钢铁变成一具有人工智能的机甲。

　　当米果重新穿戴机甲后，他发现机甲比以前轻便了很多，就像只穿了一件薄薄的衣服。他想发出什么命令，再不用去按按钮或者是说出来，只要大脑里一动念头，机甲会立刻自动执行。

"难道这就是传说中的人脑控机吗？"

米果兴奋地穿着升级后的崭新机甲在大殿里飞来飞去，速度快得连宇宙博士都感到眼花缭乱，只能捕捉到他的一团团残影。

"米果，现在还不是玩耍的时候。"守护神龙抬起头，对着米果喊出了一道声波，正在快速飞行的米果立刻在空中撞上了一堵软绵绵的"棉花墙"，弹了两下后，这才滑落到了地上。

　　守护神龙这才继续说："米果，接受你成为时空数学管理局的数学卫士后的第一个任务吧。"

　　一听到有任务，米果立刻严肃了起来，挺直腰板有模有样地敬了一个礼："请下命令。"

　　"米果，你的第一个任务是去一个遗失的国度，帮助他们脱离恶魔人的控制，使他们的知识结构从二维进化为三维！"守护神龙大声宣布。

"二维？三维？我怎么一点儿也听不明白呢？"

米果挠了挠头，根本听不懂守护神龙给自己的是什么任务。

"你难道没有听说过二维世界和三维世界吗？"

守护神龙看着摇了摇头的米果，只好耐心地解释说："那你总听说过平面图形和立体图形吧？"

"这个我知道，这个我知道。"喜欢数学的米果立刻举起手，骄傲地说，"我还做过很多平面图形和立体图形的难题呢！看我给你露两手吧！"

几何图形：可以分为平面图形和立体图形。

平面图形：

立体图形：

平面图形问题

将一个面积为 36 平方厘米的正方形纸片按照下图所示方式对折两次后，再按照对角线折叠出对角痕，并沿折痕剪开，得到的纸片面积最大为 _____ 平方厘米。

最大的纸片面积为正方形面积的一半：36÷2=18

18

立体图形问题

下面的房子就是立体图形构建的，一个摄影爱好者分别从①②③三个角度拍摄了房子，你能看出下面几张照片都是从哪个角度拍摄的吗？把相应的序号填写在括号里吧。

小知识：

几何学传入我国，要归功于明末数学家徐光启。他和意大利传教士利玛窦翻译了古希腊数学家欧几里得的《几何原本》，其中确定了研究图形的这一学科的中文名称为"几何"，并确定了几何学中一些基本术语的译法，如点、线、直线、平行线、角、三角形和四边形等中文译名，都是在这个译本中定下来的。

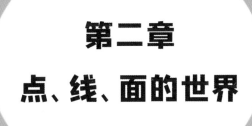

第二章
点、线、面的世界

鼠扫码开始

☑ 冒险勇气值测试
☑ 冒险智慧值提升
☑ 冒险技巧值挑战

守护神龙点了点头："既然你已经了解什么是平面图形和立体图形，那就赶快接受你的新任务，去帮助一个丢失了立体图形的国度吧。"

米果诧异地低头看了看自己，又捏了捏自己的胳膊和脸蛋，确认自己有厚度后,这才奇怪地问守护神龙:"可我是立体的'三维人'，怎么可能进入二维世界呢？"

"这个……会有人给你解释的！"

守护神龙忽然高高举起了自己大大的爪子，把米果吓得一声大叫："哎呀，你不会是想拍扁我，把我变成照片送进二维世界吧？"

　　"当然不是。"守护神龙差点儿被逗乐了，爪子在空中一划，空中竟然被划开了一道裂缝，"我只是要安排你熟悉的一个人做向导，他会帮助你的。"

　　说着，只见那道狭小的裂缝里忽然伸出了一只手，一个身影用尽全身力气从里面钻了出来，嘴里还不满地嘟囔着："我说守护神龙，你就不能把空间裂缝开得大一点儿吗？"

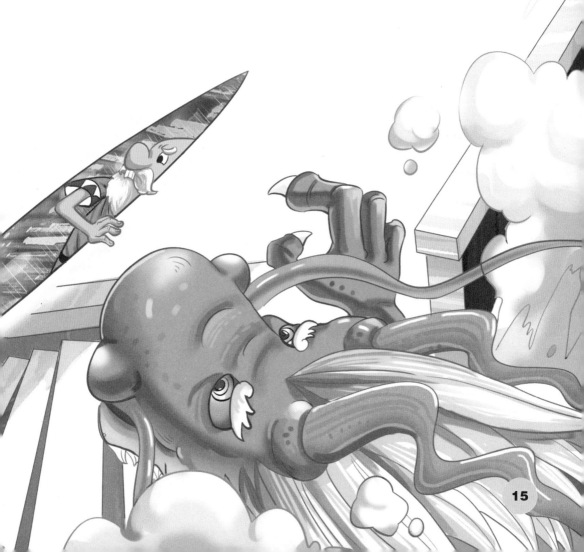

等这个身影钻出裂缝后，米果立刻惊讶地叫了出来："您……您是古希腊的数学家欧几里得爷爷吗？"

"好像是他啊！"宇宙博士惊呼。从空间裂缝中钻出来的这个瘦小的白胡子老头儿，和他们去古希腊时遇到的那个古怪的老头儿欧几里得长得好像啊，只是年纪看起来大一些，但从目光中显示出同样的睿智。

白胡子老头儿看到米果，满脸笑意地向他摆了摆手："小朋友，你怎么会认得我？我们应该是第一次见面吧！"

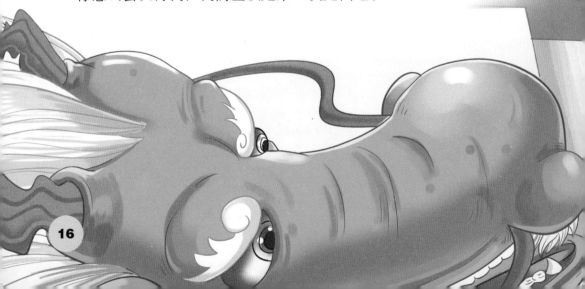

"欧几里得爷爷，您不记得我了吗？我是米果呀，我们在您的学院见过……"米果惊讶地说。

　　还是旁边的守护神龙解释说："米果，他的确不认得你，他并不是真正的欧几里得，而是时空数学管理局仿照欧几里得创造的智能人，你就叫他欧几里得1号吧，他的任务是秉承欧几里得的精神，把数学知识传遍整个宇宙！"

　　"这样啊……看到他，我便想起了欧几里得爷爷。"米果的眼睛湿润了。

"你就当他是欧几里得爷爷，抓紧执行后面的任务吧！"守护神龙微笑着，对米果轻轻点了点头，示意他可以出发了。

欧几里得1号伸出手拉着米果，慢慢飘向了那道空间裂缝。

裂缝真的很窄，米果几乎是被欧几里得1号用力"塞"进去的。米果感到连气都喘不过来了，一阵窒息过后，被闷得失去了意识。

当他再睁开眼睛的时候，发现自己位于一座高高的山坡上，山下是一座十分"古怪"的城市。

和米果想的不一样，这里并不是只有平面的二维世界，但是这里所有的建筑都是歪歪扭扭、奇形怪状的，完全没有美感。

　　不……不仅仅是建筑，是这里的规划都出了问题，各个街区规划混乱，竟然没有两栋楼房造型相类似；道路横七竖八，扭成了一团麻花……所有的一切都显得那么怪异和别扭，简直就是一片混乱。

　　"真是太有意思了！这里的人虽然和地球人的长相一样，但他们制造和使用的东西怎么这么奇怪呢？"米果忽然看到一个和自己年纪差不多的孩子骑着一辆自行车歪歪扭扭地向前行驶，而自行车的轮子竟然不是圆的，而是不规则的多边形，骑起来当然不会平稳，可他竟然就那么骑着，好像早就习以为常了。

"你一定很奇怪吧！为什么这个地方看起来那么别扭？"欧几里得1号叹了口气。

米果好奇地问："爷爷，这里是不是出了什么问题？"

欧几里得1号严肃地点了点头，指着山下乱七八糟的城市说："米果，这就是我带你来这里的原因，这个地方需要你的帮助。这里的人们曾经和我们生活在同一个世界，是被黑暗力量强行拉入这个时空的。他们被剥夺了大部分的几何知识，所以他们的科技完全停滞下来，整个国度都陷入了一片混乱之中，所以你看到的一切都是那么别扭……"

　　"就像科幻小说中描写的一样吗？被剥夺几何知识的国度会导致科技再也无法向前发展吧！"米果心里一惊，赶紧问。

　　"你说得没错。"欧几里得1号接着说，"在这里，黑暗力量留给当地人的，只有部分点、线、面这些最基础的几何知识……"

　　"就是我们很早就学过的点、线、面吗？"米果恍然大悟。

　　欧几里得1号抖了抖他的胡子说："那我考考你，你讲讲点、线、面到底是怎么回事吧。"

　　"没问题，那我就用画图的方式讲一讲吧。"米果一口答应了下来。

点、线、面是几何学里的基本概念，也是平面空间的基本元素，点、线、面在我们的生活中无处不在。

天上闪亮的星星、地图上标注地点的标号，算是我们常见的点。

激光笔射出的光线、马路上笔直的分道线，都是线的实际运用。

面可以分为平面和曲面，大家快来看一下它们的区别吧。

曲面　　　平面

所以，生活中几乎所有的物体都是由点、线、面组成的，我们用这些知识来解决几何问题。看下面的题，你能写出正确答案吗？

观察下面的立体图形，它们分别有几个面？面与面相交的地方形成了几条棱？棱与棱相交成几个顶点？

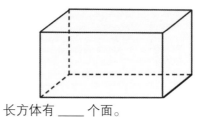

长方体有 ＿＿＿ 个面。

面与面相交的地方形成了 ＿＿＿ 条棱。

棱与棱相交成 ＿＿＿ 个顶点。

三棱柱有 ＿＿＿ 个面。

面与面相交的地方形成了 ＿＿＿ 条棱。

棱与棱相交成 ＿＿＿ 个顶点。

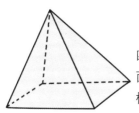

四棱锥有 ＿＿＿ 个面。

面与面相交的地方形成了 ＿＿＿ 条棱。

棱与棱相交成 ＿＿＿ 个顶点。

小知识：

曲面常常应用于建筑学中。两个半球形可以组合成一个球形。球形的任何一个地方受力，力都可以向四周均匀地分散开来，这和拱形受压力的特点相同，所以球形比任何形状都更坚固。早在古罗马时期就诞生了类似球面的穹顶，比如罗马万神庙。

第三章
线的概念

　　"既然你已经了解点、线、面的概念了，那接下来我就说一说我们今天的任务到底是什么吧。"欧几里得1号摸了摸自己的胡子，神情变得严肃了起来，"最近，这里忽然莫名其妙地失踪了很多少年，作为时空数学管理局派来的监督者，我觉得这件事一定和恶魔人的阴谋有关。"

　　"恶魔人的阴谋？"米果一下子来了精神。

"据说在这个国度，隐藏着可以击败恶魔人的秘密。所以，恶魔人才动用黑暗力量，用剥夺几何知识的手段控制着这里，限制它的发展。一直以来，我都悄悄隐藏自己的身份，希望帮这里的人们找回几何知识，只是还没有找到线索。可现在恶魔人开始伤害无辜的孩子们了，所以我不得不尽快行动，向总部寻求支援。"欧几里得1号解释说。

　　米果立刻就着急了："绝对不能让恶魔人的阴谋得逞，谁不知道我的外号叫'小福尔摩斯'，我会找到这些少年失踪的原因。"

　　米果把眉头皱成了一个川字，摆出一副大侦探的表情接着说：
"我们目前有什么线索吗？"

　　欧几里得1号回答说："上一次的失踪案有直接目击证人，当
时，一个少年在上学的路上看到了案发过程……"

　　"目标——目击者少年！"米果毫不犹豫地立刻开始了行动。

　　欧几里得1号招招手，拦下了一辆马车，载着两人向着学校驶去。

　　这个地方的交通工具真的很奇怪，马车不但造型"奇怪"，座
位也凹凸不平，轮子也不是圆的，一路上上下颠簸，把米果颠得七
荤八素。

就在米果的骨头都快被颠散架的时候，他们终于到了目的地。一栋看起来"摇摇欲坠"的教学大楼出现在他们的面前，远远看去，这栋奇怪的建筑没有一扇窗户的形状是相同的……简直就像一个不懂事的孩子随手搭建的积木房子，米果都不明白这栋楼是怎么"站立"在那里不倒下去的。

可能是因为最近很多少年失踪，学校的门卫对陌生人十分警惕，拦住欧几里得 1 号和米果，说什么也不让他们进入校园。

就在欧几里得 1 号不停地向门卫解释说自己已经和校长约过和目击者见面的时间时，校园深处突然传来了一阵剧烈的爆炸声，一团团浓烟腾空而起。

　　校园里顿时一阵大乱，欧几里得 1 号和米果趁机绕过门卫，向校园内冲去。

　　一进校园，米果就发现教学楼上，有一间教室已经被浓烟包围了，跑出来的老师和孩子们焦急地想救火，却被滚滚的浓烟和烈火阻挡了。

　　"来不及等消防车了。"

　　米果根本来不及多想，救人的念头在大脑里一闪，机甲已经自动穿在了他的身上，他立刻凌空飞起，向着冒着浓烟的教室飞去。

　　教室中烈焰熊熊，滚滚浓烟遮挡了米果的视线。米果马上打开探测器，扫描了整个教室，教室里有三个生命体，幸好还都处于安全状态。

米果先打开能量保护罩，把烈焰和浓烟隔绝在外，然后找到在浓烟中吓得大哭的孩子们，把三个小家伙一起往怀里一抱，就冲出了火场。

　　穿上了机甲的米果力大无穷，把三个孩子抱在怀里就像抱了三只小猫一样轻松。

　　可就在他要离开教室的一瞬间，机甲的探测器忽然发出一阵刺耳的警报。

　　有敌人？

　　米果赶紧扭头望去，只见一个如同猿猴一样瘦长的火红身影，跳出教室的后窗，很快就消失不见了。

米果想要追上去，可是他的怀里还抱着三个孩子，他只好停下脚步，先把他们送到安全的地方。

　　终于呼吸到了新鲜空气，其中一个孩子用微弱的声音说："快……快救救我的平行线！"

　　米果一下子感动了起来，赶快劝他说："都这个时候了，就好好休息吧，不要想着作业了。"

　　"不是作业，是……是我的平行线。"少年虚弱地用手指向教室，继续向米果求助。

　　欧几里得 1 号忽然想起了什么，一拍自己的脑袋，向米果解释说："我真是糊涂了，我忘了告诉你，在这个缺少几何知识的地方，人们认为几何很神秘，很崇拜几何，所以把很多几何名词用到了生活中，'平行线'代表的就是'双胞胎兄弟'的意思！"

　　"原来是这个意思。"

　　米果有点儿哭笑不得，在他的记忆中，线也分很多种，可怎么也没有想到会有代表兄弟的意思啊。不过仔细想想，一对相互平行、一起延伸变长的直线，还真挺像双胞胎的。这里的人也不是那么无趣嘛。

线：在几何学中，线可以连接两个点，它可以是直的，也可以是弯曲的。

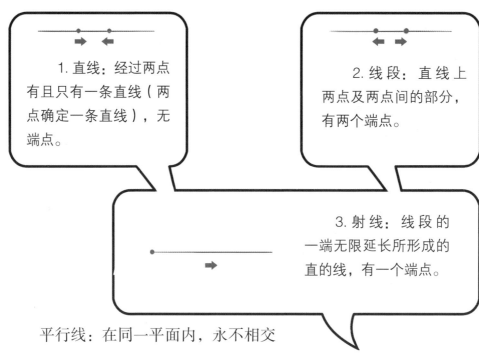

1.直线：经过两点有且只有一条直线（两点确定一条直线），无端点。

2.线段：直线上两点及两点间的部分，有两个端点。

3.射线：线段的一端无限延长所形成的直的线，有一个端点。

平行线：在同一平面内，永不相交（也永不重合）的两条直线叫作平行线。

垂线：当两条直线相交所成的角是直角时，即两条直线互相垂直，其中一条直线叫作另一条直线的垂线，交点叫垂足。

请在下面几幅图中找出平行线和垂线，把正确的名称写在下方的括号里吧。

( )　　　　( )　　　　( )　　　　( )

请思考一下：我们的日常生活中，有哪些地方会出现平行线，又有哪些地方会出现垂线呢？

小知识：

1. 生活中的点动成线：流星落下时在天空画出一条光线，雨点落下组成的水线，笔尖在纸上移动也能画出一条线。

2. 线动成面：扫帚的触地面可看作一条线，用它蘸水在地上一扫，就是一个宽宽的面；汽车在雨中行驶时，线形的雨刷器来回摆动，就在车窗上画出了一个干净的面。

3. 面动成体：把一个硬币竖立起来，轻轻地转动，看上去像是形成了一个球体；把长方形纸片沿中心轴飞快旋转，其产生的残像是一个圆柱体；医用注射器活塞的底是一个面，抽取药水时，拉动活塞，活塞底上移，药水所占的地方就是活塞的底面经移动所形成的体。

第四章

三角形

扫码开始

✓ 冒险勇气值测试
✓ 冒险智慧值提升
✓ 冒险技巧值挑战

"所以……这个孩子的意思是说，他的双胞胎弟弟还在火场里。"欧几里得1号着急得声音都有些颤抖了。

"弟弟，救救我弟弟……"少年有气无力地央求。

可是……高度升级过的机甲绝对不会出错，自己明明只在火场内探测到三个生命体而已，怎么可能还有其他人呢？

米果虽然感到疑惑，但还是再次飞身跃起，冲进了火海之中，但机甲的探测器依然没有任何反应，没有再发现其他生命体。

没有了救人的顾虑，机甲终于可以充分发挥自己的威力灭火了。

机甲在米果的控制下，双手迅速喷出一股股强烈的冷气，把熊熊火焰压制了下去，消防车也终于赶到了，消防员们一起忙碌着，扑灭了余火。

可米果的大脑并没有放松下来："如果说，机甲刚刚只探测到三个生命体的话，那最后一个从窗户跳出去的究竟是什么东西呢？

"刚刚那个少年的双胞胎弟弟……应该是被那个神秘的家伙给带走了吧?

"刚刚那个家伙到底是什么怪物?动作竟然那么快,连机甲都没有及时发现他。"

米果怎么也想不通,困惑地操纵机甲,把刚刚火场里看到的一幕像放电影一样重新在眼前播放了一遍,他同时打开机甲的透视探测功能,终于发现画面中出现的那个红色的光晕中,竟然包裹着一个像水晶一样半透明的菱形多面体!

　　而最为奇怪的是，在三个孩子的身体里，竟然也发现了奇怪物体的存在：几个闪亮的平面几何图形！

　　就在这时，旁边的校医为三个孩子做的检查也已经有了结果。

　　"他们的生命碎片都受到了不同程度的损伤，需要休养一段时间才能恢复。"

　　"什么是生命碎片？"米果对这个新名词好奇了起来。

　　欧几里得 1 号解释说："我之前不是告诉过你吗？这是一个被剥夺了大部分几何知识的不完整的国度。随着时光的消逝，这

里的人们已经忘记了几何知识的真正意义。缺少什么就崇拜什么，
竟然逐渐把几何神化成了终极信念，认为驱动他们活下去的生命
力都是平面几何图形——之所以会这样，是因为自幼在他们的身
体里就有生命力被具象化后形成的几何图形，他们称之为生命碎
片。他们刚刚出生的时候，生命碎片是一个小点，慢慢地成长，
变为一条线，当生命碎片形成一个完整的平面图形时，他们也就
长大了。

"学校就是引导这些少年培养出属于自己的独特平面造型的生
命碎片的地方。越小的孩子，越容易培养生命碎片。学校里的这些

少年，生命碎片虽然还不稳固，但已经有了自己的形状。"

欧几里得1号一边儿说着，一边儿把米果叫到了医生的旁边，指着医生手中的仪器说："看，这台仪器就像我们世界的X光一样，可以看到这里每个人的生命碎片。"

米果好奇地从医生手里接过那台课本大小的仪器，对着几个孩子一一扫描过去。他发现面前这个少年体内显示的是一个正三角形。

三角形：由三条线段围成的图形(每相邻两条线段的端点相连)叫作三角形。

1.三角形有三条边、三个角、三个顶点。

2.从三角形的一个顶点到它的对边做一条垂线，顶点和垂足之间的线段叫作三角形的高，这条对边叫作三角形的底。

3.三角形有三个高、三个底。

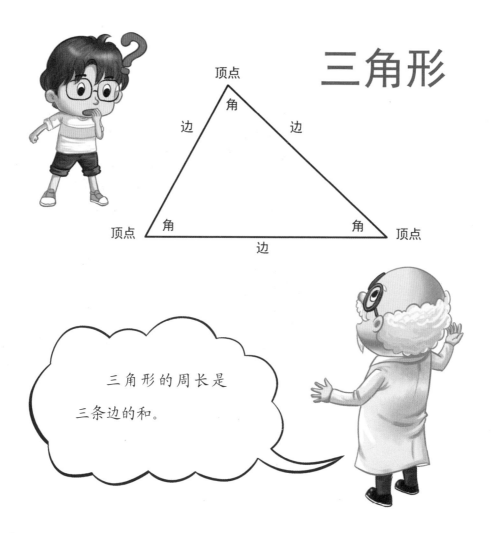

三角形

三角形的周长是三条边的和。

分类:

三个内角都是锐角的三角形,是锐角三角形。

有一个内角是直角的三角形,是直角三角形。

有一个内角是钝角的三角形,是钝角三角形。

有两条边相等或两个角相等的三角形是等腰三角形。

有三条边相等或三个角相等的三角形是等边三角形。

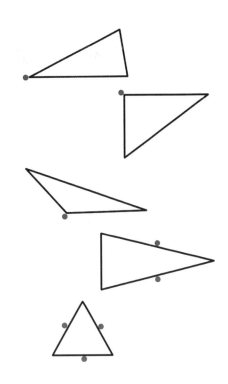

小知识:

三角形的面积 = 底 × 高 ÷ 2

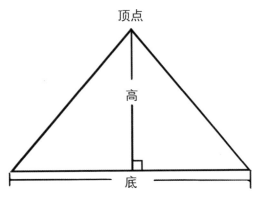

扫码开始
- 冒险勇气值测试
- 冒险智慧值提升
- 冒险技巧值挑战

第五章
四边形的生命碎片

"我们已经救完人了，是不是应该干正事儿了？"米果提醒欧几里得 1 号说。

"你说的正事，应该是找那个目击者少年寻问线索吧？"欧几里得 1 号叹了一口气，"刚刚那个少年口中的弟弟，就是我们要找的目击者。"

"不会这么巧吧，这里面一定有阴谋。"米果的脑中立刻闪过了这样的念头。

"真是可惜，好不容易找到的线索又断了。"欧几里得 1 号显得有些沮丧，大步向校园外走去。

"爷爷，等一下。"

米果忽然灵光一现，想到了一个主意，冲到推车前，拉着那个刚刚被自己救出的少年说："你的双胞胎兄弟，不，应该是平行线，有没有告诉过你，他是怎么发现有关失踪案的线索的？"

"对呀，既然是双胞胎兄弟，他们在日常生活中一定会经常交流，说不定就把失踪案的线索告诉过对方了。"欧几里得1号忍不住对米果伸出了大拇指，"米果，你还真是一个小神探啊！"

"没有，他从来没有对我说过。"

少年的回答却又让两个人的心情跌入了谷底。

"但是……你忘了我们是双胞胎吗？"少年忽然调皮地眨了眨眼睛，"我们俩从小就有心灵感应，在特别紧张和集中精神的时候，我们都能感应到对方的视觉、听觉和触觉。所以我的弟弟看到的那场失踪案也深深地印在了我的脑海里。"

太好了，真是山重水复疑无路，柳暗花明又一村！

　　少年接着说：“有一天，我正在上课的时候，我弟弟又不听话地逃学出去玩儿了。忽然间，我的眼前就浮现出了可怕的一幕：一个好像全身冒着火、看不清形状的东西……从一家医院卷走了好几个少年。那一定是我弟弟看到的，因为他太害怕了，所以画面传递到我的大脑后还是那么清晰。”

　　"全身冒着火、看不清形状的东西？那不就是那个拥有立体生命碎片的怪物吗？"米果立刻喊出了声。

　　"什么？立体的生命碎片？在这里是绝对不可能出现的！"欧几里得1号诧异地摇了摇头。

　　米果赶快转头，把自己回放视频时发现的一切都告诉了欧几里得1号。

欧几里得 1 号再次皱紧了眉头："这里的人，只可能有平面的生命碎片，不可能有立体的生命碎片啊！如果你说的是真的，只怕恶魔人的阴谋就要得逞了，我们必须尽快阻止它！"

"究竟是怎么回事？"米果此时依然是一头雾水。

欧几里得 1 号紧张地说："如果你和失踪的少年都没看错，一定是有人在觊觎这个国度隐藏的终极秘密！"

"为什么要这么说？这里还隐藏着什么秘密？"米果还是不明白。

"我终于想通恶魔人为什么要抓走那么多少年了。"欧几里得1号懊悔得捶胸顿足，"我怎么那么笨呢？没有早点儿想到恶魔人抓走孩子就是为了得到他们的生命碎片……"

　　就在欧几里得1号要把敌人的阴谋告诉米果时，一位女老师来感谢米果了："这位小超人，我代表学校感谢你。如果没有你，我们学校这几个孩子可就危险了。"

　　米果惭愧地摸了摸脑袋："很不好意思，我来晚了一步，还是有一个孩子失踪了。"

　　"谢谢你，谢谢你！"那位老师握住米果的手，"虽然失踪了一个不规则多边形孩子，但这几个宝贵的正三角形、正四边形孩子全都被你救了出来。"

什么是不规则多边形孩子？什么又是正三角形、正四边形孩子呢？

米果又听不懂了，笑容里面都透出了无奈的尴尬。

等到女老师走远了，欧几里得1号才发出一声长叹，对米果说："在这个缺少几何知识却又崇尚几何的国度，只有规则多边形生命碎片的孩子才会被认为是优秀生；而那些生命碎片不够规则的孩子却不被重视。正三角形、正四边形一向被认为是天才少年才能拥有的生命碎片。"

"生命碎片又不能决定一个人的智力和品德，怎么可以用来衡量一个孩子呢？真是错误的观点。"米果对这个地方越来越看不懂了。

四边形：同一平面上的四条线段依次首尾相接所围成的图形。

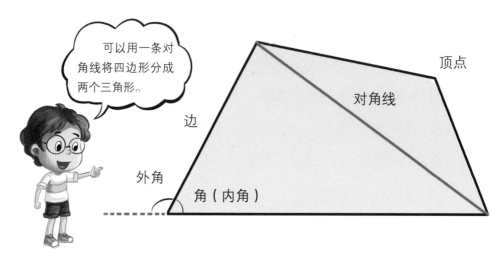

可以用一条对角线将四边形分成两个三角形。

顶点

对角线

边

外角

角（内角）

四边形的关系

梯形：只有一组对边平行而另一组对边不平行的四边形。

平行四边形：在同一平面内有两组对边分别平行的四边形。

长方形：又称矩形，是四个内角相等的四边形。

即使确定了四条边的长度，仍然无法确定四边形的形状。

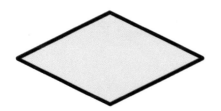

菱形：有一组邻边长度相等的平行四边形。

正四边形：又叫正方形，四个角都是直角，四条边都相等的四边形。

小知识：

四边形虽然比三角形多了一条边，但稳定性却不如三角形，大家可以做一个小实验证明一下。

1. 用小木棒分别做一个四边形和三角形的框架，拉一拉，你发现了什么？

2. 用四根吸管做成一个长方形，然后用两手捏住长方形的两个对角，向相反方向拉。

两组对边有什么变化？拉成了什么图形？

拉成了不同的平行四边形。

$S = \pi r^2$

S

第六章

神秘的圆

扫码开始

冒险勇气值测试
冒险智慧值提升
冒险技巧值挑战

　　真是太可气了，一想到孩子们因为几个几何图形，从小就要被区别对待，米果对这里的好奇和兴趣立刻就消失不见了。

　　目送老师和孩子们登上救护车，驶出校园后，米果这才接着问："您刚才还没说完呢，恶魔人抓这些孩子究竟要干什么？"

　　欧几里得1号握紧了拳头："它们想提取孩子身体内的生命碎片，拼出一个完美的圆形。"

　　米果好奇地问："拼出一个圆形？难道这里就没有完整的圆形吗？"

　　"在这里，完美圆形的生命碎片只在传说里出现过。"欧几里得1号长长地出了一口气，缓缓讲出了一个故事，"这是一个古老的传说，在很久以前，那时候连宇宙都没有出现，只有从混沌中诞生的黑暗和光明这一对双胞胎兄弟，他们一直相辅相成，幸福地生活在虚空深处。直到有一天，他们为了讨论时间是否有尽头这个问题争论了起来，从辩论转为争吵，从争吵转为战斗。在无休止的战斗之中，他们相互碰撞产生了现在的这个宇宙。

　　"然而他们的战斗并没有结束，又为宇宙应该充满光明还是充满黑暗这个问题继续着永无止境的战斗。

　　"直到宇宙中慢慢产生了新的生命，而这些生命更加倾向光明，就帮着光明封印了黑暗，并把释放黑暗的方法藏在了这个国度中。黑暗虽然被封印了，但他的部下却依然在宇宙中四处活动，逐渐形成了现在的恶魔人，它们到处搞破坏，是因为想积攒足够的能量，释放出它们的主人——真正的黑暗。"

"这个传说倒是挺有趣的，可这和孩子们的生命碎片又有什么关系呢？"米果依然想不通。

　　"在古老的传说中，只有最完美的圆形生命碎片出现的时候，镇守黑暗的封印才会被打开。幸运的是，这个世界从诞生的那一天起，就从来没有产生过完美的圆形生命碎片。所以恶魔人就想出了一个残忍的方法，在这个地方挑选合适的少年并抓走，从小开始培养他们身体内的生命碎片的图形，再挑选出最适用的，希望能拼出一个完美的圆形生命碎片。"

　　"可是它们为什么不直接抓成年人？成年人的生命碎片的图形不是更加完整吗？"

欧几里得 1 号又摇了摇头："成年人的生命碎片的图形已经长成了，不可能再一次相互融合。只有正在发育的孩子们，他们的生命碎片才能完美地融为一体，形成一个新的图形。据说完美的圆形出现之后，这里就会彻底被改变，黑暗也会被彻底释放！"

"原来这里隐藏着这么可怕的秘密啊！"米果吸了一口冷气，觉得肩上的担子更加重了。

欧几里得 1 号继续说："这次被抓走的少年，身体内很可能拥有它们缺少的最后一块拼图！"

"也就是说，我们已经没有时间了。可我们连敌人在哪里都不知道啊！"米果急得连连跺脚。

　　就在这个时候，忽然一个怯生生的声音响了起来："我……我知道他在哪里。"

　　两人扭头一看，竟然看到了米果刚刚从火场中救出的那个正三角形少年。

　　"我又和弟弟发生了心灵感应，所以我就跳下救护车来向你们求助了，请你们一定要救救我弟弟啊。"少年眼中噙满泪花。

　　"放心吧，我们一定会救出他的，快说说你现在都看到了什么？"米果同样焦急地问。

　　少年一阵恍惚，伸出双臂，脸上慢慢露出了幸福的笑容："一个圆，再加上一块生命碎片就是一个完美的圆形了！"

圆形：在一个平面内，围绕一个点并以一定长度为距离旋转一周所形成的封闭曲线就是圆形。

1. 古人最早是从太阳、农历十五的月亮得到圆的概念的。

2. 山顶洞人曾经在兽牙、砾石和石珠上钻孔，那些孔有的就很圆。

3. 圆内角的角度之所以为 360°，是因为古巴比伦人在观察太阳从地平线升起的时候，大约每四分钟移动一个位置，一天二十四个小时移动了三百六十个位置，所以规定一个圆内角为 360°。这个"°"的符号，代表的就是太阳。

周长：圆形一圈的长度。

圆心：到圆的边缘距离都相等的点。

半径：连接圆心和圆上任意一点的线段。

直径：通过圆心并且两端都在圆上的线段。

弧：圆周上的任何部分都叫弧。

扇形：一条弧和经过这条弧两端的两条半径所围成的图形。

弦：连接圆上任意两点的线段。直径是一个圆里最长的弦。

切线：和圆相交于一点的直线。

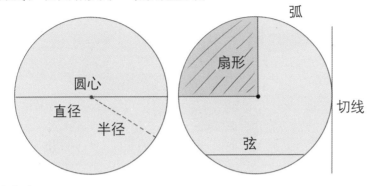

小知识：

1. 对折法找圆心：如果是一张圆形的纸，对折一次可得到一条直径，取其中点，就可以找到圆心；或者从两个不同位置对折，这两条折痕相交于圆内的一点，也可以找到圆心。

2. 圆周率是圆的周长与直径的比值，一般用希腊字母 π 表示。计算圆的周长的公式是：周长 = 直径 × 圆周率。

从古到今，π 的值已经计算到小数点后上千万位了，仍然无穷无尽，即使使用目前最先进的计算机，在 π 面前也是无能为力，只能得到一个近似值，而永远也得不到准确值。在一般的计算中，我们都采用 π 的近似值 3.14。

3.1415926535 8979323846264338 327950288419······

π ≈ 3.14

第七章

立体图形的秘密

　　"不好，敌人的阴谋就要得逞了！"欧几里得 1 号忍不住提高嗓门儿催促，"孩子，快一点儿，感应一下圆形出现的方位。"

　　少年脑海中的图像，其实是他的双胞胎弟弟看到的，只要找到圆形，也就能找到他弟弟的位置。

　　来不及制订周密的计划，米果立刻变身，穿上机甲，一手抱着欧几里得 1 号，一手抱着少年，急速飞向了天空，穿梭在薄如纸片的云朵之间。

少年根据心灵感应的指引，不断为米果指点着前进的方向。

有了向导，米果行动果然快了很多，飞了不到半个小时，目标已经锁定在了一座高大的纸片山中。

有生命波动信号！米果的探测器上，一个生命波动信号猛烈地跳动着。

太好了，这就证明被劫持的少年还没有生命危险！因为一旦被外力强行抽取生命碎片，这里的人很快就会死亡。

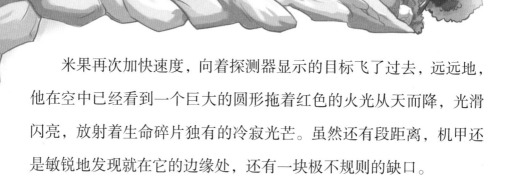

　　米果再次加快速度，向着探测器显示的目标飞了过去，远远地，他在空中已经看到一个巨大的圆形拖着红色的火光从天而降，光滑闪亮，放射着生命碎片独有的冷寂光芒。虽然还有段距离，机甲还是敏锐地发现就在它的边缘处，还有一块极不规则的缺口。

　　而就在那个缺口旁，一个浑身冒着红光、像猴子一样的怪物正在把手伸向地面上的一个少年，在他的身体上摸索着什么。

　　那个少年和米果抱着的正三角形少年长得一模一样，一定就是他的弟弟。

"住手！"米果一声大喊，惊得怪物回过头来，毫不犹豫地一张口，喷出了一团烈焰腾腾的火球。

"雕虫小技。"米果躲都不躲，直接从机甲中喷出液态氮气，火焰还没有扑到他的身边就熄灭了。

怪物被米果的战斗力吓了一跳，错愕地愣在那里，又低头看了看身边的少年，忽然一弯腰，在地上一阵乱摸，拼凑出一个东西，猛地向米果他们扔来。

"这家伙是黔驴技穷了吗？怎么扔过来了一个盒子？"米果有些奇怪。

"不好，米果快躲开。"

可是，欧几里得1号的提醒已经晚了，因为机甲的探测器并没有发出警报，米果不管不顾地向着迎面飞来的盒子冲过去，没想到盒子瞬间变大，一下子把米果他们罩在了里面。米果再想跳出盒子时，才发现自己已经成了盒子的一部分，怎么也跳不出去，只能在盒子的边缘移动、绕来绕去，眼睁睁地看着那个怪物把魔爪再次伸向了不规则多边形少年。

"怎么回事？这到底是怎么回事？"米果急得上蹿下跳，但依然只能在盒子内活动。

欧几里得1号绝望地说："米果，不要白费力气了，我们被它用降维工具二维化后，困在了这个三维的盒子里，现在我们的身体只有长宽的概念，没有高度或厚度，永远也无法跳出盒子。"

立体图形：所有点都不在同一平面上的图形。是由一个或多个面围成的可以存在于现实生活中的三维图形。立体图形可以是实心的，例如树木的树干；也可以是空心的，例如足球；同时也可以是任何形状、任何大小。下面，我们来看一看一些常见的立体图形。

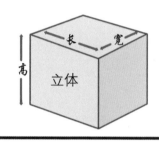

球：一个半圆绕直径所在直线旋转一周所成的空间几何体叫作球体，也可以简称球。

长方体：由六个长方形的面围成的立体图形。生活中常见的盒子或箱子大多都是长方体。

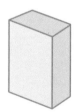

正方体：由六个大小相等的正方形的面围成的立体图形。

圆柱：一个长方形以一边为轴旋转一周，所经过的空间形成的图形。

圆锥：直角三角形以直角边为轴旋转一周，所经过的空间形成的图形。

正四棱锥：它的底面是正方形，侧面为四个相等的等腰三角形且有公共顶点，顶点在底面的投影是底面的中心。

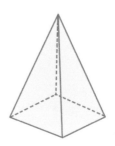

小知识：

古希腊毕达哥拉斯学派认为一切立体图形中，最完美的是球。现代科学家用物理学中对称操作证明了这一论点。

对球来说，通过球心的任何直线都可以成为旋转对称轴，转动到任何角度都可以和原图重合。

任何通过球心的平面，都是把球分成两半的镜像对称面。

这就证明球是最完美的对称图形。

第八章
用展开图理解立方体

扫码开始
- 冒险勇气值测试
- 冒险智慧值提升
- 冒险技巧值挑战

米果的身体就像平面图形一样，他在盒子的表面四处游走，但怎么也跳不出去，只能眼睁睁地看着冒着红光的怪物伸出魔爪从少年的身上取出了一块生命碎片。

米果用探测器远距离扫描了一下那块生命碎片的形状，果然和巨大的圆形上的缺口完全吻合。只要再给怪物一些时间，把缺口拼上去，这个圆形就完整了。

"不可以，绝对不能让它释放黑暗！"

欧几里得1号这个数学家也被困在了几何图形之中，只能无奈地大声喊着。

　　就在这千钧一发之际，四周的空间一阵波动，天空中慢慢出现了一道裂缝。

　　"一定是守护神龙来帮我们了！"米果兴奋地大叫着。

　　可欧几里得1号却摆了摆手："米果，你还不知道吧，守护神龙和我们不一样，它并没有真正的躯体，只是一股能量体，一旦离开了英灵殿，就会消散得无影无踪，它是不可能进入这个空间来救我们的。"

　　"可是守护神龙曾经陪着我去其他的星球经历过考验哪！"米果奇怪地问。

　　"守护神龙带你去的并不是真正的外星球，只是英灵殿在时空交错处形成的投影而已，所以你们并没有真正离开英灵殿。而我们这一次是通过空间裂缝来到了一个真正的国度，所以守护神龙无法过来！"欧几里得1号解释说。

　　欧几里得1号说得没错，守护神龙的确没有出现。

　　可空间裂缝中却出现了一个米果熟悉的身影，闪烁着银色光泽的小机器人从裂缝中一闪而出，一挥手臂，两道激光就射了过来，困住了米果他们的立体图形立刻沿着边缘被切开，变成了几个平面图形。

米果他们终于自由了，跳出盒子的束缚，重新恢复了三维的身体状态。

"小仙女！"米果兴奋地大叫着，"快和我一起战斗，打败那个怪物吧。"

小仙女却摇了摇头："不，它并不是怪物，根据目前搜集到的资料，这里不可能出现拥有三维立体生命碎片的生命体。"

米果纳闷了起来："可是它的生命碎片看起来……怎么会是立体图形呢？"

小仙女狡黠地一笑："它耍了一个小花招儿，因为这个圆形快要拼成了，附近的能量出现了紊乱，所以它才可以利用紊乱的能量流，在体内投影出一个三维的图像。你应该看到过油画或者是素描作品吧？明明是平面的图画，却可以通过光影明暗的塑造，展现出立体的效果。"

米果听了小仙女的解释，更加有信心了。一旦清楚了对方的底细，米果就再也没有顾忌了，管它是三维还是二维，先进攻了再说！

米果立刻和小仙女一起冲了上去，一道道激光直射过去，打得怪物上蹿下跳，距离巨大的圆形越来越远，手中的残片怎么也拼不上去了。

与此同时，正三角形少年和欧几里得 1 号趁机冲过去救下了奄奄一息的少年。

正三角形少年看着自己的弟弟，满眼热泪地向米果求救："拜托你快一点儿，生命碎片离开太久，我的弟弟就再也救不回来了。"

米果比他还要着急，立刻加快了进攻速度，想在最短的时间内夺回生命碎片。

可对面的红色怪物好像看穿了他的心思，故意拖延时间，躲躲闪闪和米果玩儿起了"迂回战术"。

"没有时间了，怎么办，怎么办？"

　　米果心中一团乱麻，无意中低头一看，发现那些堆积在地面上的"废料"，忽然想出了一个以其人之道还治其人之身的办法。

　　这片山谷的地面上堆满了被红色怪物丢弃掉的生命碎片，这些一定都是被它淘汰掉的生命碎片吧！究竟有多少被绑架的少年在这里遇害了？

　　米果没时间想那么多，快速掠过地面，捡起刚刚罩住自己和欧几里得 1 号的盒子残片，大声喊："破解，复制！"

　　只见米果身上的机甲立刻闪烁着，发出一丝丝光线，深入残片内部，片刻工夫就回复说："破解完成，复制降维程序成功！"

　　与此同时，米果飞快地从地上捡起一些东西，摆弄两下，猛地扔向了红色怪物。红色怪物一个愣神儿的工夫，就被米果飞速拼装的立体盒子罩在里面了。

　　怪物就像刚才的米果一样在盒子中转来转去，看来一时半会儿是找不到出来的路了。

　　"你是怎么做到的？"小仙女奇怪地问。

　　米果耸了耸肩，坏笑着说："嘿嘿，我只不过是用地上的生命碎片按照立体图形的展开图，拼装了一个三维立体的盒子，再让机甲复制了它的降维程序对付它而已。"

展开图：将立体图形的表面平摊开来，就能得到一张平面图形，这张平面图形就是立体图形的展开图。通过研究展开图，我们能更清晰地了解立体图形的结构和体积。

1. 正方体的展开图

正方体由六个大小相等的正方形组成。

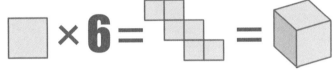

我们沿着折线把六个正方形折叠起来，按压出棱角，就可以把平面的展开图折叠成一个正方体。

2. 我们还可以把正四棱锥展开。　　　　3. 圆锥展开后是这样的。

4.大家可以尝试一下，把下面这些展开图折叠拼合完成，看看它们都会变成什么立体图形。

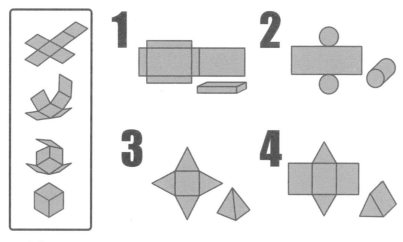

小知识：

1.在我们的日常生活中，最能体现立体图形展开图的就是包装用的纸盒了。

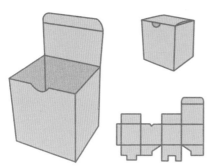

2.给大家留一个小任务：在爸爸妈妈的帮助下，拆解几个纸盒，观察一下它们的展开图。然后再自己设计一个独特的展开图，把它折叠成一个与众不同的立体图形吧！

第九章
正多面体

可是米果却忘了一件事，少年的生命碎片还在怪物的手中。他们虽然困住了怪物，却拿不到生命碎片了。

发现了这一点的米果急得团团转，怎么也想不出好办法了。

但这个难题很快就被怪物自己解决了，红色怪物早就掌握了破解降维的技巧，米果怎么能困住它？

在盒子中挣脱不出来的怪物猛地一声大吼，喷出的火焰立刻沿着盒子表面蔓延开来，生命碎片并不会被烧毁，但火焰却沿着盒子的边缘延伸到了地面上，怪物竟然给自己搭出了一条跨越维度的桥梁，沿着火焰爬了出来。

看来只能打一场硬仗了！

米果飞快地一动脑筋，立刻对着小仙女使了一个眼色。

心领神会的小仙女立刻加快进攻速度，吸引了红色怪物的火力。

而米果则迂回到怪物的身后，将一股接近绝对零度的冷气直喷了过去。怪物身上的热浪和冷空气乍一接触，立刻发出噼噼啪啪的巨响，火焰快速地消退下去，一点点彻底熄灭了。

进化后的机甲的能量真是太大了。

　　米果这才发现，刚刚还狰狞可怕的怪物躯体里面，隐藏的竟然也是一个少年，失去了火焰的他，抱着胳膊蜷缩在一角瑟瑟发抖，看起来就像受害者一样，连米果都不忍心再为难他了。

　　"又是一个被恶魔人误导的可怜孩子啊！"欧几里得 1 号叹息说。

　　米果快速地走过去，从少年手中夺过生命碎片，转身递给了正三角形少年："快拿去救你的弟弟吧。"

正三角形少年赶紧抹着眼泪从米果手中接过了那块生命碎片，就在大家以为他要把生命碎片重新注入自己双胞胎弟弟的身体时，他的嘴角却忽然浮现出一丝诡异的笑容，只见他拿起那块碎片，猛地一转身，扑向地面上那个圆形，还没等诧异的众人做出反应，他已经用碎片补上了缺口。

"你……你知道自己在干什么吗？"欧几里得 1 号瞠目结舌，怎么也想不到会发生这样的事情。

"为什么？我当然是为了得到力量。我才不会像你们这些普通人一样，仅仅拥有一个平面的生命碎片就满足了，我要得到三维世界的力量！"

站在圆形中的正三角形少年大声狂笑了起来，在他的笑声中，拼接后的圆形散发出淡淡的光，所有拼接处的裂痕逐渐消失，融合为一个完整的圆形。

"来不及了。"欧几里得 1 号一声叹息。

米果和小仙女赶快飞过来，护在欧几里得 1 号的身前。

就在这个时候，少年脚下的平面圆形忽然开始膨胀了起来，竟然变成了一个球。

与此同时，站在球上的少年体内竟然也慢慢开始变化，他体内的正三角形的生命碎片竟然自动闪亮起来，慢慢从他体内浮出。少年兴奋地捧着正三角形大叫："我的生命碎片，我的生命力，变成完美的正多面体吧，我要得到立体几何的知识，我要成为这个世界的领导者！"

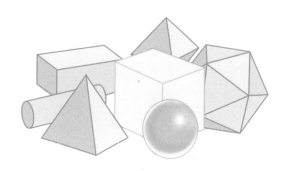

正多面体：正多面体是由一样大小和形状的正多边形组成的立体图形。在几何学中，一共有五种正多面体。

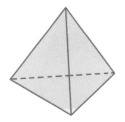

正四面体有四个面，四个顶点，六条棱；每一个面都是等边三角形。

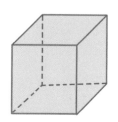

正立方体有六个面，八个顶点，十二条棱；每一个面都是大小相同的正方形。

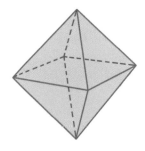

正八面体有八个面，六个顶点，十二条棱；每一个面都是等边三角形。

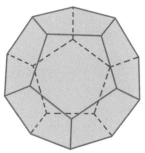

正十二面体有十二个面，二十个顶点，三十条棱；每一个面都是大小相同的正五边形。

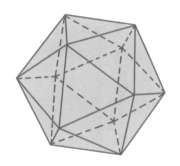

正二十面体有二十个面，十二个顶点，三十条棱；每一个面都是等边三角形。

▬↓▬↓▬↓▬↓▬↓▬↓▬↓▬↓▬

小知识：

1. 正多面体之间有着十分微妙的联系。正四面体沿着棱边的中心点切去两角就成为正八面体；正八面体沿着每面的中心点切去角就成为正六面体；正二十面体沿着每面的中心点切去角就成为正十二面体。

2. 足球是由二十个正六边形、十二个正五边形组成的，只要在正二十面体棱边的三分之一处切去角，就接近足球的形状了。

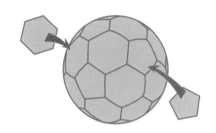

第十章

几何的作用

可是接下来的一幕却让大家彻底惊呆了，只见捧着自己正三角形生命碎片的少年，并没有等来自己期待的结果。他手中的生命碎片没有变成正多面体，反而在圆球的光泽照耀下，咔嚓一声，破裂开来，碎成了一点点星光。

与此同时，地面上那些被怪物抛弃掉的生命碎片，一块块全都飘了起来，噼噼啪啪的破碎声在天空中不断响起，生命碎片全部都碎裂成了光点。

这个世界就像被这些光点填满了一样，目光所到之处，所有人的生命碎片都闪耀着脱离身体，飘浮在空中，然后破碎消失了……

　　刚刚一直昏迷不醒的弟弟也醒了过来，他先是有些诧异地看了看自己失去了生命碎片的身体，然后才发现自己的哥哥站在一个巨大的圆球上，他赶快挥着手喊："妈妈说过的，不要我们爬那么高，摔伤了怎么办？"

　　而站在圆球顶部的正三角形少年，望着周围的变化，内心彻底崩溃了，高举着双手向天空大喊："为什么？为什么会这样？我的生命碎片怎么碎了？我要得到立体几何的力量！"

"可是……拥有了立体几何的知识，也并不能成为领导者啊。"

米果望着逐渐疯狂的少年，驱动机甲飞到他的身边，伸手将几乎昏迷的他轻轻地抱下了圆球。

与此同时，山谷中的一处山壁忽然传出一阵呼救声，米果和小仙女立刻飞过去对山壁进行了扫描，很快就发现了一处隐藏的洞穴，两人小心地打开伪装成山石的暗门，竟然发现了数十个正在呼救的少年。原来，他们都是被绑架来的，之前被强行剥夺了生命碎片后，全部在洞穴中陷入了昏迷状态，直到刚刚才苏醒过来。

“难道……他们的苏醒和外面的圆球有关？”米果再次把视线投向了那个闪亮的圆球。

　　只见光球荧光四射，越来越亮，半透明的球体内部慢慢浮现出无数的代码，不停地滚动着。

　　米果小心地飞过去，伸出手指想要触碰一下圆球，可机甲却自动从手指部位延伸出一个接口，与圆球连接在了一起。

　　但才连接了片刻的工夫，米果就像被电击了一样，猛地脱离圆球，被震飞了十几米远。

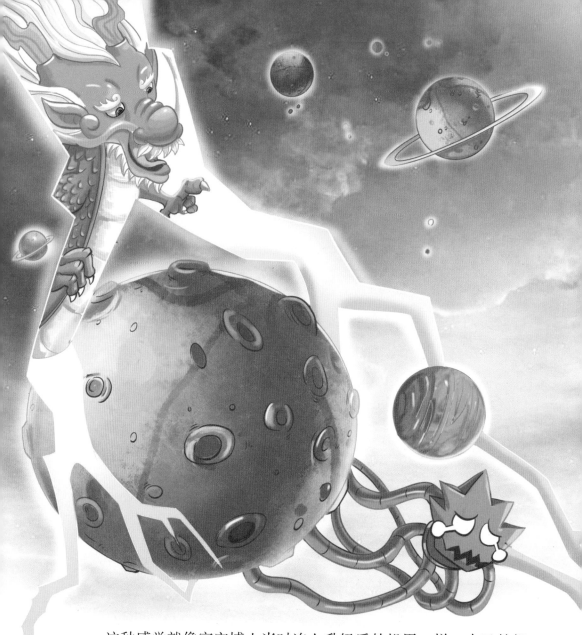

　　这种感觉就像宇宙博士当时连上升级后的机甲一样，自己的机甲根本无法承受，球中蕴含的知识和智慧的能量又会有多大呢？

　　哗啦一声响，空间裂缝再一次打开了，守护神龙的声音传了进来："恭喜你，米果，又一次顺利地完成了任务。"

　　米果困惑地对着空间裂缝大声问："可是……可是我什么也没有做呀！"

"哈哈，你已经找到了最终的答案！这个地方的知识正在解除封印，时空数学管理局的记录资料也正在改写，从来就没有什么关于黑暗与光明的战争，那只是传说而已。曾经有的，只是邪恶对知识的摧残而已。这个地方蕴藏的也并不是消灭恶魔人的秘密，而是恶魔人千万年来，从其他种族那里掠夺的知识，这也是它们最惧怕的存在，只有知识的力量才能打败恶魔人啊！"

　　"可是……那些生命碎片是什么呢？"米果继续追问。

"根据更新的数据，生命碎片其实就是恶魔人控制这个地方，使其不能进化和发展的道具。它们用追求完美图形的谎言控制了这里一代又一代的居民。打破这个循环的方法，本应是人们主动放弃体内的生命碎片，可没想到的是，最终解开封印的竟然是'贪婪'，历史的前进方式真是让人捉摸不透啊。"

　　守护神龙的话语意味深长。

　　"还真是歪打正着。"

　　米果耸了耸肩，苦笑着看向了欧几里得 1 号："您要和我一起回时空数学管理局吗？"

　　欧几里得 1 号站在一座山崖上，望着这个熟悉而又崭新的地方，摇了摇头："这里刚刚解除封印，居民还有很多地方需要适应，还有很多知识需要学习，我打算留下来帮助他们重建完整的科学体系，帮他们尽快回归正常的生活。"

"我明白了。"米果用力地一点头，"爷爷对这个地方是真的充满了爱啊，希望下次我回来的时候，能看到一个崭新而美好的景象。"

欧几里得 1 号摸了摸自己雪白的胡须，大笑起来："放心吧，有几何知识的帮助，这个地方一定会变得越来越好的。"

哈哈哈，在一阵欢快的笑声中，米果和小仙女逐渐消失在空间裂缝之中，继续新的冒险了……

1.几何和我们的生活息息相关，处处都有几何图形的身影，比如三角形的指示牌、圆的井盖和汽车轮子、圆柱的花盆、立方体的柜子、圆柱的暖水瓶……

2.无论是绘画还是设计，无论是造型还是构图，可以说正是奇妙的空间几何，正是蕴藏在数字与公式之中的奥秘，才把我们的世界装点得如此美丽。

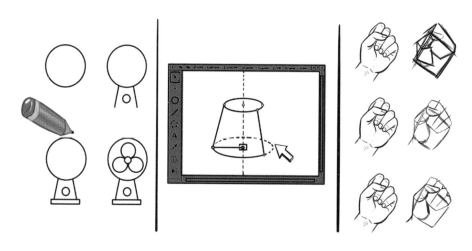

3. 无论是生产力和技术的发展，还是现代天文、地理、物理、机械等学科的研究，都需要以几何学作为基础。曾有著名学者这样描述几何学："分形几何不仅展示了数学之美，也揭示了世界的本质，还改变了人们理解自然奥秘的方式；可以说分形几何是真正描述大自然的几何学，对它的研究也极大地拓展了人类的认知疆域。"

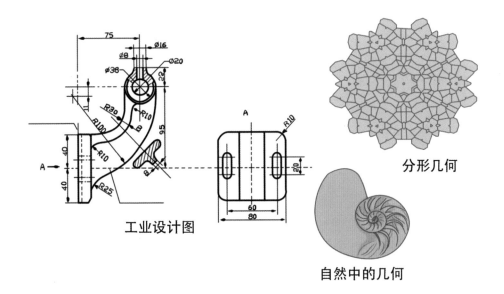

工业设计图

分形几何

自然中的几何

小知识：

1. 在我们的生活中，无论是我们住的房子，还是我们使用的工具，甚至我们吃的食物，都有着各种各样的形状，把这些形状抽象化，就形成了几何图形，所以可以说我们就生活在几何图形中。

2. 观察你在学习和生活中常见到的物体，它们都是由哪些几何图形组成的？如果能尝试用笔把它们画出来，那就更能体会到几何就在我们身边，几何图形是多么重要了。